BEI GRIN MACHT SICH IHR WISSEN BEZAHLT

- Wir veröffentlichen Ihre Hausarbeit, Bachelor- und Masterarbeit

- Ihr eigenes eBook und Buch - weltweit in allen wichtigen Shops

- Verdienen Sie an jedem Verkauf

Jetzt bei www.GRIN.com hochladen und kostenlos publizieren

Mikes Urban

Warum Bewusstsein? - Die Entstehung und Funktion des Bewusstseins in der Evolution

GRIN Verlag

Bibliografische Information der Deutschen Nationalbibliothek:

Die Deutsche Bibliothek verzeichnet diese Publikation in der Deutschen National-
bibliografie; detaillierte bibliografische Daten sind im Internet über http://dnb.d-
nb.de/ abrufbar.

Impressum:

Copyright © 2004 GRIN Verlag GmbH
Druck und Bindung: Books on Demand GmbH, Norderstedt Germany
ISBN: 978-3-640-17162-0

WARUM BEWUSSTSEIN?

DIE ENTSTEHUNG UND FUNKTION DES BEWUSSTSEINS IN DER EVOLUTION

MIKES URBAN

EINLEITUNG

Es scheint, als lasse uns die Fähigkeit, sich selbst und die Welt in Gedanken zu fassen, beständig um die immer gleichen Fragen kreisen: „Wer bin ich?" – „Was verbindet mich mit den anderen, was trennt, was unterscheidet mich von ihnen?" – „Wann sind mir andere zu nah, wann zu fern?" – „Warum ist der Mensch nicht einfach nur 'sozial' und 'gut'? Warum ist er auch 'gemein' und 'böse'?" – „Warum ist die Mutter so wichtig im Leben?" – „Warum scheint mir die ganze Welt zu gehören, wenn ich verliebt bin?" – „Warum bin ich so sehr auf mich selbst zurückgeworfen, wenn ich um einen mir wichtigen Menschen trauere?" – „Was ist der Tod, was kommt danach?"
Das Kreisen um diese Fragen ist zunächst kein abstraktes, philosophisches; es findet – selbst und gerade da, wo es nicht „absichtlich" geschieht – vielmehr ständig statt, in unserem Denken, unserem Fühlen, es ist verborgen in fast allem, was wir tun, geradeso als wäre es uns auferlegt, unsere Beziehung zu uns selbst, zu den uns wichtigen Menschen und zur Welt als Ganzem in beinahe jedem Augenblick des Lebens neu zu fassen und zu gestalten. Vielleicht ist gerade die Allgegenwärtigkeit dieser Fragen der Grund, warum die Wissenschaft sie bislang so wenig zur Erklärung des Bewusstseins herangezogen hat.
Wohin nun könnte uns die Annahme führen, dass dieses Kreisen nicht etwa eine Laune des Bewusstseins ist, sondern im Gegenteil gerade der Grund für seine Entstehung? Wenn sich unser Bewusstsein eben deshalb stets mit dem Verhältnis „Ich und die Anderen", mit „Liebe und Vergänglichkeit" beschäftigte, weil diese Gegensätze – in einer „vor-bewussten", „primitiven" Form – Widersprüche in sich bargen und an einem spezifischen Punkt der Evolution zu einer Weiter-Entwicklung drängten, die Entstehung des Bewusstseins also erst notwendig machten und ermöglichten?
Mehr sei an dieser Stelle nicht vorweggenommen. Die angedeutete Begründung der Entstehung und Funktion des Bewusstseins hat sich im Laufe einer verzweigten Forschungsarbeit – deren Ausgangspunkt ein völlig anderer war – Schritt für Schritt entwickelt und stellt, wie auch in der Evolution selbst, die Synthese eines komplexen Aufbaus des Psychischen dar. Es sind also weite Wege zu gehen, die dem Leser jedoch ebensoviel Freude und Erkenntnis bereiten mögen wie mir die Ausarbeitung derselben.

Zur Gliederung und Methodik

Die vorliegende Arbeit leistet eine grundlegende, konsistente und streng hierarchisch gegliederte Konzeption des Psychischen, dessen funktionale Ebenen und inneren Bezüge aus der evolutiven Entwicklung abgeleitet werden. Entsprechend spiegelt die verwendete Begrifflichkeit jeweils die inneren Bezüge der Konzeption wider – dies allerdings nicht zugunsten der Lesbarkeit, was hoffentlich weniger dem Autor als vielmehr der Komplexität des Themas anzulasten ist.

Die Zusammenfassung und Anordnung der evolutions-historischen Grundlagen basiert in weiten Teilen auf der „funktional-historischen Kategorialanalyse", wie sie Klaus Holzkamp in seiner „Grundlegung der Psychologie" (Holzkamp, 1983) für die Gegenstandsbestimmung einer im Dialektischen Materialismus gegründeten „Einzelwissenschaft Psychologie" durchgeführt hat. Die zentralen Aussagen leiten sich aus der – beim Lesen des Textes schrittweise nachvollziehbaren – stringenten Analyse des Materials ab und werden in Bezug gesetzt zu Grundannahmen der Biologie und der Psychoanalyse. Es ergeben sich – meines Wissens bislang nicht vorgelegte (und innerhalb eines Gesamtkonzeptes des Psychischen herausgearbeitete und begründete) – ebenso überzeugende wie teils umwälzende Erklärungen der Entstehung und Funktion des Bewusstseins, der „nicht-sozialen" und der „sozialen" Emotionalität, der Affekte und anderer zentraler Bestandteile des Psychischen sowie nicht zuletzt des Aufbaus und der inneren Logik des Psychischen als Gesamtgebilde.

Dem hierarchischen Aufbau des Psychischen entsprechend ist die folgende Darstellung in 7 Ebenen der *Handlungsfähigkeit* (als dem Apriori des Lebendigen und nicht gleichbedeutend mit dem gleichnamigen Konzept der Kritischen Psychologie) untergliedert. *Dabei stellt jede Ebene eine Stufe der evolutiven Entwicklung und zugleich eine Ebene des ›Gesamt-Psychischen‹ dar.* Die Handlungsfähigkeit, die auf den einzelnen Ebenen jeweils zu realisieren ist, wird überdies auch *als die zentrale Entwicklungsaufgabe einer entsprechenden Phase der kindlichen Entwicklung verstanden.*

Zur besseren Orientierung im Text sind diese Ebenen der Handlungsfähigkeit / Entwicklungsstufen der Evolution / Ebenen des Gesamt-Psychischen / Entwicklungsaufgaben der Kindheit am Ende des Textes in einer Übersicht dargestellt.

Methodisch erweisen sich die im vorliegenden Modell jeweils gefundenen funktionalen Bestimmungen dann als gültig, wenn sie sämtliche Bestimmungen der vorangegangenen Ebenen unverändert weiter enthalten und wenn sie in den funktionalen Bestimmungen der folgenden Ebenen ohne Einschränkung wiederzufinden sind (d.h. in diesen nicht „nur" im dialektisch-materialistischen Sinne „aufgehoben" sind).

Das vorliegende Konzept geht also davon aus, dass im Laufe der Evolution sich nicht nur das Eine aus dem Anderen herausdifferenziert, sondern *dass frühere Funktionen niemals verloren gehen und die Funktionsweise der ausdifferenzierteren Formen grundsätzlich und unmittelbar weiter bestimmen.*

Ebene 1
Handlungsfähigkeit als Realisierung des Wechselverhältnisses
Eins-Sein-Mit und Abgegrenzt-Sein-Von

Die Biologie datiert den evolutiven Beginn des Lebens auf jenen Moment, in dem sich eine organismische Einheit mit der Fähigkeit der strukturellen Selbsterhaltung und Selbstreproduktion herausgebildet hat (Wuketits, 1983, S. 177f, 215; vgl. Holzkamp, 1983, S. 60) bzw. immer wieder von Neuem herausbildet (vgl. Reich, 1938). Da diese grundlegende biologische Aktivität, d.h. die Aufrechterhaltung der strukturellen Identität eines *offenen* Systems, von Beginn des organismischen Bestehens an, d.h. *in* oder *mit dem Moment* der Herausbildung eines Organismus geleistet werden muss, ergibt sich aus diesem Moment das *grundlegende* ›Wechselverhältnis Eins-Sein mit und Abgegrenzt-Sein von der Umwelt‹. Ein Organismus kann niemals außerhalb seiner Umwelt sein, er kann nur *als Teil* dieser Umwelt, aus der er sich herausgebildet hat, *existentiell und motiviert* auf diese Umwelt ›bezogen‹ sein (wobei sich ›Umwelt‹ im folgenden konkretisiert als ›Gesamt-Umwelt‹, ›Sozialverband-Umwelt‹ und ›Mutter-Umwelt‹).

Nur aus diesem grundlegenden, im Ursprung *energetischen* Bezogen-Sein heraus kann der psychoanalytische „Trieb" – als eine grundlegende *motivationale* Einheit – im Sinne des vorliegenden Modells abgeleitet werden. Der Trieb liegt damit *sämtlichen* Lebensäußerungen – gleich auf welcher ausdifferenzierten Ebene – zugrunde, er ist jeder engeren begrifflichen Fassung vorgeordnet und muss gerade deshalb an dieser Stelle nicht weiter diskutiert werden (vgl. Ebene 3 und Ebene 7).

Ein Organismus ist also immer damit beschäftigt bzw. *er realisiert sich darin*, sich zu seiner Umwelt in Bezug zu setzen als eine mit der Umwelt funktionell identische, aber von dieser abgrenzbaren Einheit. Jeder organismische Vorgang – sei es eine Bewegung, ein Gedanke oder ein Gefühl etc. – dient primär der Realisierung dieses Wechselverhältnisses zur Aufrechterhaltung der körperlichen und psychischen strukturellen Identität.

Wenn ein Organismus diese Handlungsfähigkeit verliert, dann verliert er die Welt: *er fällt aus der Welt bzw. er fällt in die Welt.* Störungen bei der Realisierung dieser zugleich basalen *frühkindlichen Entwicklungsaufgabe* erscheinen später notwendig als Störungen der Emotionalität, des Denkens, des Bewusstseins etc. in Bezug auf das Wechselverhältnis Eins-Sein mit und Abgegrenzt-Sein von der Umwelt (vgl. Ebene 6).

Ebene 2
Handlungsfähigkeit im Verinnerlichungs-Verwertungs-Veräußerung-Zusammenhang

Die grundlegendste Interaktion zwischen einem Organismus und der Umwelt ist der beständige Austausch von Energie und Substanzen, wobei Handlungsfähigkeit bestimmbar ist als die Fähigkeit des Organismus, seine strukturelle Identität aufrecht zu erhalten durch die Aufnahme – oder ›*Verinnerlichung*‹ – von Teilen der Umwelt, sodann durch die ›*Verwertung*‹ dieser Teile *innerhalb* des Organismus und schließlich durch die Abgabe – oder ›*Veräußerung*‹ – von Teilen des Organismus in die Umwelt. Verinnerlichung, Verwertung und Veräußerung sind nur begrifflich-analytisch, nicht aber funktional voneinander zu trennen, da sie sich als isolierte Vorgänge evolutiv nicht hätten herausbilden können: d.h., sie stellen einen *unmittelbaren* ›Verinnerlichungs-Verwertungs-Veräußerung-Zusammenhang‹ dar.

Die Verinnerlichung einer Energie oder Substanz geht notwendig mit einer ›*Bewertung*‹ dieser Umweltgegebenheit als dem Organismus *zuträglich* oder als dem Organismus *abträglich* einher. Diese Bewertung wird zunächst durch die biochemische Beschaffenheit der Membran selbst geleistet. Auch eine negative Wertung setzt eine teilweise Verinnerlichung voraus, da es nur so zu einer Bewertung in der Membran kommen kann. Die später aus der Verinnerlichung sich herausdifferenzierende ›*Wahrnehmung*‹ kann – funktional betrachtet – darüber hinaus nichts qualitativ Neues leisten (vgl. Ebene 4).

Die Verwertung ist „lediglich" eine Abfolge von Verinnerlichungen und Bewertungen im Inneren des Organismus mit der notwendigen Folge der Veräußerung (vgl. Ebene 3).

Die Veräußerung besteht – bereits bei einem Einzeller – nicht nur in der Abgabe von verwerteten Substanzen, sondern auch in *ungerichteten* Bewegungen *Hin-Zu* und *Weg-Von* (ungerichtet insofern, als dass auf der vorliegenden Ebene ein – notwendig signalvermitteltes – Ziel außerhalb der unmittelbaren Organismus-Umgebung noch nicht angestrebt werden kann). Die Bewegung Hin-Zu ist damit zunächst gleichbedeutend mit der Umschlingung bzw. der Aufnahme einer sich direkt an der Organismus-Hülle befindenden Substanz oder Energie.

Grundsätzlich kann gesagt werden: *Jede positive Wertung einer Umweltgegebenheit ist primär gleichbedeutend mit der Handlungsaufforderung, diese zu verinnerlichen – und damit ggf. auch zu zerstören! Jede negative Wertung ist primär gleichbedeutend mit der Handlungsaufforderung, diese Umweltgegebenheit abzustoßen oder zu fliehen – jedoch nicht, sie zu zerstören!*

Sowohl die Bewegung Hin-Zu bzw. Verinnerlichen als auch die Bewegung Weg-Von bzw. Fliehen oder Abstoßen hat also die ›Ausgliederung‹ einer Umweltgegebenheit aus der unmittelbaren Umgebung des Organismus zur Folge.

Da die Ebene 2 die grundlegende konkrete Ausgestaltung organismischer Handlungsfähigkeit darstellt, müssen sich notwendig alle differenzierteren Ebenen der Handlungsfähigkeit sowie alle differenzierteren körperlichen und psychischen Mechanismen aus dem Verinnerlichungs-Verwertungs-Veräußerung-Zusammenhang herausdifferenzieren bzw. *selbst als Verinnerlichungs-Verwertungs-Veräußerung-Zusammenhänge fassbar sein. Dabei bleiben die auf den jeweils früheren Ebenen, d.h. hier auf den Ebenen 1 und 2 gefundenen funktionalen Bestimmungen immer vollständig erhalten.*

So könnte man z.B. bezüglich des Affektes – als dem handlungsleitenden funktionalen Kern der Emotionalität, die sich aus der Verwertung herausdifferenziert (vgl. Ebene 4 und Übersicht) – schon an dieser Stelle bestimmen, „daß Affekte bereits in ihrem Ursprung einen kognitiven Aspekt haben, daß sie zumindest eine Bewertung darüber enthalten, ob die momentan wahrgenommene Konstellation „gut" oder „schlecht" ist, und daß durch diese Bewertung, wie Arnold (...) es ausdrückt, im Erleben des Betreffenden eine Handlungsmotivation wirksam wird, die entweder auf einen bestimmten Reiz oder eine bestimmte Situation hinzielt oder davon wegstrebt" (Kernberg, 1992, S. 16).

Bezüglich der späteren psychischen Mechanismen – als dem handlungsleitenden funktionalen Kern des Bewusstseins, das sich wiederum aus der Emotionalität herausdifferenziert (vgl. Ebene 6 und Übersicht) – unterscheidet die Psychoanalyse primär verinnerlichende Prozesse der Inkorporation, Introjektion, Identifikation, Verdrängung etc. sowie primär veräußernde Prozesse der Exkorporation, Projektion, projektiven Identifizierung, Vermeidung etc. als die Grundlage der inneren Ausgestaltung und strukturerhaltenden Regulation des Psychischen.

Ebene 3
Handlungsfähigkeit im Wahrnehmungs-Psyche-Handlungs-Zusammenhang

Die ›*erweiterte Handlungsfähigkeit*‹ auf der Ebene 3 ergibt sich daraus, dass Vorgänge, die auf der Ebene 2 in der *direkten* Interaktion zwischen Organismus und Umwelt stattfinden, verinnerlicht und verknüpft werden. Eine Abfolge ungerichteter Bewegungen wird zu einer ›*verinnerlicht-innerlichen*‹ Abfolge ungerichteter Bewegungen und damit zu einer *nur als solche erscheinenden* gerichteten äußeren Bewegung. Eine Abfolge nicht-signalvermittelter Wahrnehmungen wird zu einer verinnerlicht-innerlichen Abfolge nicht-signalvermittelter Wahrnehmungen und damit zu einer nur als solche erscheinenden signalvermittelten Orientierung. Gerichtete Bewegung und signalvermittelte Orientierung konnten sich evolutiv nur gemeinsam, d.h. als eine funktionelle Einheit herausbilden und stellen als solche die „Grundform des Psychischen" als evolutiver Entwicklungsstufe dar (Holzkamp, 1983, S. 67ff; Leontjew, 1959; die evolutionsgeschichtlichen Grundlagen werden von Holzkamp detailliert erörtert).

Das Psychische ist damit zu fassen als eine beständige Abfolge und Verknüpfung einfachster Verinnerlichungen von Organismus-Umwelt-Interaktionen im Inneren des Organismus, wobei sich „durch Iteration der immer gleichen Repräsentationsprozesse Metarepräsentationen aufbauen – Repräsentationen von Repräsentationen –, die hirninterne Prozesse abbilden anstatt die Welt draußen" (Singer, 2002, S. 70).

Auf neuronaler Ebene muss für die Herausbildung und Ausdifferenzierung des Psychischen entsprechend nichts qualitativ Neues geleistet werden: „Die Funktionsweise der Nervenzellen ist gleich geblieben. Zwischen der Nervenzelle in unserer Großhirnrinde und der eines Plattwurms bestehen keine wesentlichen Unterschiede. In der Evolution gibt es keine erkennbaren Diskontinuitäten, die durch irgendetwas Zusätzliches bewirkt worden wären" (Singer, 2003, S. 23).

Die erweiterte Handlungsfähigkeit des Psychischen auf der Ebene 3 kann demnach gefasst werden als ›*verinnerlicht-erweiterte Handlungsfähigkeit*‹ im ›Wahrnehmungs-Psyche-Handlungs-Zusammenhang‹. Damit ist die *methodische Bestimmung* der verschiedenen Ebenen bzw. ihres Verhältnisses zueinander als immer wiederkehrender Verinnerlichungs-Verwertungs-Veräußerung-Prozess gefunden: *Eine evolutionsgeschichtlich neue Ebene organismischer Handlungsfähigkeit ist im Sinne des vorliegenden Modells immer dann begründet zu erfassen und abzugrenzen, wenn durch die Verinnerlichung einer auf der früheren Ebene gegebenen, für die direkte Organismus-Umwelt-Interaktion zentralen Handlungsfähigkeit eine verinnerlicht-erweiterte Handlungsfähigkeit des Organismus auf der jeweils höheren Ebene erreicht wird.*

Eine Ausnahme oder besser *Verkehrung* bildet dabei der Übergang von der Ebene 4 zu der Ebene 5, da hier die zentrale Handlungsfähigkeit der Emotionalität nicht als solche verinnerlicht, sondern beibehalten wird und deshalb auf der Ebene 5 nicht als verinnerlicht-erweiterte, sondern als ›*veräußert-erweiterte Handlungsfähigkeit*‹ zu bestimmen ist (vgl. Ebene 4, Ebene 5 und Übersicht).

Eine verinnerlicht-erweiterte oder veräußert-erweiterte Handlungsfähigkeit erfordert jedoch eine inner-organismische Strukturierung und Hierarchisierung der neu gewonnen und vielfältigeren Bewertungen und Handlungsaufforderungen, damit der Organismus weiterhin handlungsfähig bleibt: denn Handlung ist immer nur *eine* Handlung (vgl. Holzkamp, 1983, S. 99ff, 106). *Methodisch gewendet* bedeutet dies, dass jede neue Ebene der Handlungsfähigkeit ›*innerliche Reduktionen*‹ der Handlungsfähigkeit erforderlich macht: Auf der Ebene 2 sind es die ›Reflexe‹ (d.h. „automatisierte" Reaktionen in der direkten Organismus-Umwelt-Interaktion), auf der vorliegenden Ebene 3 sind es die ›Instinkte‹ (d.h. „automatisierte" Reaktionen in der über das Psychische vermittelten Organismus-Umwelt-Interaktion), die den Organismus zu – ›*im Dienste der Arterhaltung durchschnittlich sinnvollen*‹ – Handlungen befähigen.

Einer verinnerlicht-erweiterten oder veräußert-erweiterten Handlungsfähigkeit steht also immer eine innerlich-reduzierte Handlungsfähigkeit gegenüber, so dass ein Organismus das ihm eigentlich gegebene („individuelle") Handlungspotential *niemals vollständig, sondern immer nur – im Dienste der Arterhaltung – durchschnittlich sinnvoll* nutzen kann.

Wenn das Psychische als Abfolge und Verknüpfung verinnerlichter Handlungen zu fassen ist, so stellt die psychische Struktur eine unmittelbare und „objektive" Wiederspiegelung der jeweils gegebenen Umweltbedingungen und Organismus-Umwelt-Interaktionen dar (vgl. Holzkamp, 1983, S. 66). Piaget (1975) beschreibt die „Symbolisierung" bzw. „Mentalisierung" als innere Koordinierung verinnerlichter Handlungen (Handlung zunächst im Sinne einfachster senso-motorischer Interaktionen). Gleiches gilt für die emotionale Strukturierung des Psychischen (vgl. Fairbairn, 1944; Ciompi, 1997; Dornes, 2000).

Die *vollständige Verwertung* schließt jedoch – dieser Aspekt wird oft vernachlässigt – auch die *Veräußerung* der in der Symbolisierung zu erreichenden Verinnerlichungen und Verknüpfungen ein (dies ergibt sich notwendig aus der *Unmittelbarkeit* eines ›Zusammenhanges‹), d.h. sie erfordert auch ›Handlungsräume‹ bzw. Interaktionsmöglichkeiten, um das Verinnerlichte wieder *in die Welt zu bringen.* Besteht in Bezug auf eine verinnerlichte Interaktion die Möglichkeit der Veräußerung und damit letztlich auch die Möglichkeit der vollständigen *Verwertung* nicht – dies ist das eigentliche Moment des *Traumas* oder der *Kränkung* (vgl. Breuer & Freud, 1893) –, so kann die Vervollständigung dieser funktionalen Einheit ein Leben durchziehen als der Versuch, diese Erfahrung *in die Welt zu bringen.* Freud fasste dieses existentiell notwendige, damit auch unbedingte Bestreben der Veräußerung schließlich als „Wiederholungszwang" (Freud, 1914) und unterlegte diesem – in *Verkehrung* der eigentlichen „Intention" dieses Bestrebens – mit dem „Todestrieb" (Freud, 1920) eine genuin destruktive Dynamik (vgl. Ebene 7).

Ebene 4
Handlungsfähigkeit im Wahrnehmungs-Emotionalitäts-Handlungs-Zusammenhang I
(nicht-sozial)

Der Begriff ›Emotionalität‹ umfasst im folgenden sämtliche Emotionen, Empfindungen, Stimmungen, Gefühle, Affekte etc. „Emotionalität ist die Bewertung von in der Orientierung, also ›kognitiv‹ erfassten Umweltgegebenheiten am Maßstab der jeweiligen Zuständlichkeit des Organismus/Individuums, damit gleichbedeutend mit dem Grad und der Art der Aktivitäts-/Handlungsbereitschaft" (Holzkamp, 1983, S. 98; vgl. Holzkamp-Osterkamp, 1975, S. 154ff).

Emotionalität stellt die Verinnerlichung von mehr oder minder direkt kausalen oder reaktiven Organismus-Umwelt-Interaktionen auf der Ebene des Psychischen (als evolutiver Entwicklungsstufe) hin zu einer gewissermaßen „selbst-reflexiven", bedürfnisgeleiteten Orientierungsaktivität und Reaktionsbereitschaft des Organismus dar und ist zu bestimmen als *verinnerlicht-erweiterte Handlungsfähigkeit* im ›Wahrnehmungs-Emotionalitäts-Handlungs-Zusammenhang I‹.

Die hiermit gegebene Notwendigkeit der hierarchischen Strukturierung gleichzeitig vorliegender emotionaler Teilwertungen, d.h. die Notwendigkeit, den Organismus auf *je eine* Handlung hin zu orientieren, erfordert die Herausbildung einer jeweils hierarchisch höchsten, ›*handlungsleitenden emotionalen Gesamtwertung*‹, die Herausbildung der ›*Affekte*‹.

Damit ist der Affekt – entsprechend dem Instinkt, aus dem er sich herausdifferenziert – zu fassen als eine *Verkürzung der verinnerlicht-erweiterten Handlungsfähigkeit der Emotionalität*, d.h. als eine *im Dienste der Arterhaltung durchschnittlich sinnvolle, innerlich-reduzierte Handlungsfähigkeit*. Ein Affekt ist damit zu definieren als ein ›emotionaler Instinkt‹ bzw. als ein ›*Instinkt auf der Ebene der Emotionalität*‹ (in Abgrenzung zum eigentlichen Instinkt auf der Stufe des Psychischen; vgl. Ebene 3 und Übersicht).

Entsprechend findet in den frühen – gleichsam noch unverstellten – Schriften der Psychologie und Psychoanalyse der *Handlungsaspekt* des Affektes besondere Betonung: „Ein Willensvorgang, der in eine äußere Willenshandlung übergeht, ließe sich hiernach definieren als ein Affekt, der mit einer pantomimischen Bewegung abschließt, die neben der allen pantomimischen Bewegungen eigentümlichen Charakterisierung der Qualität und Intensität des Affektes noch die besondere Bedeutung hat, daß sie äußere Wirkungen hervorbringt, die den Affekt selbst aufheben" (Wundt, 1896, S. 220).

Breuer und Freud (1893, S. 87) schreiben in den „Studien über Hysterie": „Eine Beleidigung, die vergolten ist, wenn auch nur durch Worte, wird anders erinnert als eine, die hingenommen werden mußte. Die Sprache anerkennt auch diesen Unterschied in den psychischen und körperlichen Folgen und bezeichnet höchst charakteristischerweise eben das schweigend erduldete Leiden als „Kränkung". — Die Reaktion des Geschädigten auf das Trauma hat eigentlich nur dann eine völlig „kathartische" Wirkung, wenn sie eine adäquate Reaktion ist, wie die Rache." Ob durch Mimik, Sprache oder Tat: der Affekt verlangt nach aktiver Einwirkung auf die auslösende Situation. Anders gesagt: *Ein Affekt macht krank, wo er nicht Handlung sein darf*.

Auch für die Ebene der Emotionalität ergibt sich also die Bestätigung der Unmittelbarkeit eines „Zusammenhanges", hier des „Wahrnehmungs-Affekt-Handlungs-Zusammenhanges": Eine Handlung – in ihrer Funktion gleichbedeutend mit anderen Affekt-Ausdrucks-Formen wie z.B. der Sprache, der Mimik etc. – ist also nicht *eine* mögliche Folge eines Affektes; vielmehr realisiert sich ein Affekt überhaupt erst dadurch, dass er Handlung wird.

Wahrnehmung, Affekt und Handlung sind funktionell identisch. Ein Affekt, der keinen vollständigen Ausdruck findet und damit keine vollständige Verwertung *ist*, wird alle folgenden Bewertungen und Handlungen beeinflussen, er muss sich – direkt oder indirekt, früher oder später – *veräußern* (vgl. Ebene 3). Anders gesagt: *Ein Affekt ohne Handlung ist kein Affekt.*

Bezüglich der Wahrnehmung lässt sich bestimmen, dass die Emotionalität – als die nun *zentrale* Handlungsfähigkeit eines Organismus – nicht nur Wahrgenommenes bewertet, sondern die Wahrnehmung selbst entsprechend der durch die Emotionalität gewerteten Zuständlichkeit des Organismus anleitet und vorstrukturiert. Die funktionalen Bestimmungen der Wahrnehmung (oder Verinnerlichung) erfahren dabei keine Erweiterung, ebenso wenig wie diejenigen der Veräußerung: die funktionale Ausdifferenzierung des Gesamt-Psychischen vollzieht sich *ausschließlich im Inneren des Organismus* (d.h. in der ›Verwertung‹).

Dem hierarchischen Aufbau des (Gesamt-) Psychischen folgend müssen auch alle später sich ausdifferenzierenden organismischen Fähigkeiten (des Denkens, des Bewusstseins etc.) durch die emotionale Bewertung hindurch und werden von dieser bestimmt: „Das limbische System hat gegenüber dem rationalen corticalen System das erste und das letzte Wort. Das erste beim Entstehen unserer Wünsche und Zielvorstellungen, das letzte bei der Entscheidung darüber, ob das, was sich Vernunft und Verstand ausgedacht haben, jetzt und so und nicht anders getan werden soll. (...) Am Ende eines noch so langen Prozesses des Abwägens steht immer ein *emotionales Für oder Wider*" (Roth, 2003, S. 162).

Die allgemeinsten Bewertungen wurden als *dem Organismus zuträglich* bzw. als *dem Organismus abträglich* bezeichnet (vgl. Ebene 2). Die primäre Ausgestaltung einer *emotionalen Qualität* einer Bewertung kann entsprechend durch das Begriffs-Paar *Lust-Unlust* beschrieben werden, wobei Lust immer mit der Handlungsaufforderung „Hin-Zu" und Verinnerlichen, Unlust immer mit der Handlungsaufforderung „Weg-Von" und Abstoßen einhergeht (vgl. Ebene 2).

Die Bewertung einer Umweltgegebenheit als positiv oder negativ bestimmt sich jedoch letztlich immer aufgrund der Handlungsfähigkeit des Organismus in Bezug auf diese Umweltgegebenheit. Positive Wertungen können also – je nach gegebener Handlungsfähigkeit – in negative umschlagen und umgekehrt. Wenn das Abstoßen oder das Fliehen einer Umweltgegebenheit als positiv gewertete Handlungsfähigkeit nicht möglich ist, muss das Abstoßen oder das Fliehen eine negative Wertung erhalten, die ursprünglich negativ gewertete Umweltgegebenheit jedoch eine positive, *denn nur in Bezug auf diese ist Handlungsfähigkeit noch realisierbar.* Diese Umkehrung wird in der Psychoanalyse als „Identifikation mit dem Aggressor" beschrieben, welcher als eine ggf. nicht fliehbare Umweltgegebenheit eine positive Wertung erhält, damit psychisch-emotional *verinnerlicht* und als reale äußere Gefahr zumindest teilweise ›ausgegliedert‹ wird (vgl. auch das „Stockholm-Syndrom", Reemtsma, 1998, S. 170ff).

Die notwendig unlustvolle Handlungs*un*fähigkeit kann emotional grundsätzlich als *Angst* (lat. angustiae: Enge, Mangel, Not), die notwendig lustvolle Handlungsfähigkeit als *Aggression* (lat. ad-gradi: an etwas oder an jemanden heran schreiten) gefasst werden. Damit ist jedoch gesagt, dass Aggression nicht etwa nur aus der Verhinderung von Lust oder aus einem Bedroht-Sein entsteht, sondern dass Aggression ein unmittelbarer Bestandteil der Lust *ist*. Während Lust und Unlust als die primären emotionalen *Bewertungen* zu bestimmen sind, stellen Aggression und Angst *das emotionale Vorzeichen der Handlungsfähigkeit* dar. *Lust und Aggression, ebenso wie Unlust und Angst, sind funktionell identisch* (vgl. Reich, 1942, S. 215ff).

Damit sind aber Angst und Aggression primär noch keine Affekte, d.h. sie sind primär keine emotionalen Gesamtwertungen, sondern emotionale Gundwertungen – was ja nicht ausschließt, daß sich instinktiv-affektive Formen der Angst und der Aggression herausbilden. Entsprechend wird der Angst und der Aggression eine grundlegendere biologische

Verankerung zugebilligt als anderen Affekten: So fragt z.B. Mentzos mit Verweis auf die ethologische Verhaltensforschung, „ob nicht die Angst ein regelrechter Instinkt ist" (Mentzos, 1982, S. 30). Kernberg betrachtet alle Affekte als „Instinktstrukturen", als „Brückenstrukturen zwischen biologischen Instinkten und psychischen Trieben" (Kernberg, 1992, S. 15).

Die Bestimmung der Angst als der emotionalen Grundwertung von Handlungsunfähigkeit findet sich in experimentellen Untersuchungen wieder: „Von größter Wichtigkeit ist der Umstand, daß die »Angst«-Reaktionen und »neurotischen« Verhaltensweisen nicht durch Schmerzreize, auch nicht primär durch die Antizipation von Schmerz zustandekommen, sondern durch den *Verlust an Handlungsfähigkeit und Umweltkontrolle*. Dies geht aus allen einschlägigen Untersuchungen hervor; genannt sei noch das Experiment von Lidell (1950), bei dem sich zeigte, daß die Angstreaktionen und neurotischen Verhaltensweisen von Schafen und Ziegen nicht so sehr durch die Antizipation eines elektrischen Schocks, sondern durch die Unmöglichkeit, den Zeitpunkt des Eintretens des Schocks vorherzusehen, zustandekommen" (Holzkamp-Osterkamp, 1975, S. 183; vgl. Reemtsma, 1998, S. 195).

Entsprechend müssen „neurotische Verhaltensweisen", „Symptombildungen", „Somatisierungen" etc. nicht primär als der Versuch der Angst-*Bindung* (mit dem Ziel des Frei-Seins von Angst), sondern vielmehr als der Versuch der Angst-*Orientierung* (mit dem Ziel, Handlungsfähigkeit wieder zu gewinnen) verstanden werden. Mentzos stellt eine entsprechende Sichtweise am Beispiel der psychotischen Wahnbildung dar: „Die psychoanalytische Theorie nimmt hier an, daß aus dem Hineinprojizieren eigener, insbesondere aggressiver Impulse in den anderen eine Entlastung resultiert. Ich bin aber der Meinung, daß darüber hinaus auch durch die Konkretisierung, durch die Quasi-Objektivierung der Gefahr, also durch die künstliche *Verwandlung der diffusen in eine konkrete Angst* ebenfalls eine Entlastung und Angstminderung möglich wird" (Mentzos, 1982, S. 34; vgl. Bettelheim, 1975).

Auf den Ebenen 1-4 bezog sich der Organismus auf eine *Gesamt-Umwelt*, innerhalb derer anderen Organismen zwar die Bedeutung von zuträglichen oder abträglichen Umweltgegebenheiten zukam, nicht aber eine spezifische Bedeutung *als* Organismen. *Das Psychische und die Emotionalität sind damit im Kern und grundsätzlich nicht sozial.*

Entsprechend sind Emotionen und Affekte, die ein Kind herausbildet, zunächst nicht sozialer Natur. ›Nicht-sozial‹ bedeutet, dass sich das Kind auf eine ›*Gesamt-Umwelt*‹ (die ›*Mutter-Umwelt*‹, vgl. Ebene 6) bezieht, aus der es positive Umweltgegebenheiten herausnimmt und in der es negative Umweltgegebenheiten abstößt oder flieht. Klein (1946) hat entsprechende frühkindliche Interaktionen konzeptualisiert und unterscheidet das Bezogen-Sein der „paranoid-schizoiden Position" (im vorliegenden Modell: nicht-sozial) sowie der „depressiven Position" (im vorliegenden Modell: sozial). Winnicott (1971) unterscheidet das Bezogen-Sein „relating to objects" (nicht-sozial) und „use objects" (sozial). Die Realisierung des Bezogen-Seins *Ein-Objekt-Gebrauchen* setzt nach Winnicott voraus, dass das primäre Objekt (die Mutter, der Therapeut etc.) zunächst nicht-soziale Attacken der Abstoßung und Zerstörung „überlebt". Ein Kind will seine Mutter, sofern diese gerade negativ gewertet ist, *tatsächlich* abstoßen oder zerstören und erwartet zugleich, dass die Mutter *als Gesamt-Umwelt* unbeschadet bestehen bleibt.

Ebene 5
Handlungsfähigkeit im Wahrnehmungs-Emotionalitäts-Handlungs-Zusammenhang II
(sozial)

Mit der Herausbildung von Sozialverbänden erhält die Emotionalität einen neuen Bezugsrahmen: Der konkrete Organismus kann nur überleben bzw. sich fortpflanzen, wenn er die den Organismen seines Sozialverbandes gegebene *soziale Emotionalität* realisiert (ein

Bienen-Staat, Fisch-Schwarm etc. ist in diesem Sinne kein Sozialverband, da hier die Interaktionen wesentlich durch Instinkte auf der Ebene des Psychischen bestimmt sind und dem jeweils anderen Organismus keine „individuelle" emotionale Bedeutung zukommt; vgl. Holzkamp, 1983, S. 113ff).

Methodisch ist dieser Bezugs-Wechsel der Emotionalität zu fassen nicht als verinnerlicht-erweiterte, sondern als ›veräußert-erweiterte Handlungsfähigkeit‹ im ›Wahrnehmungs-Emotionalitäts-Handlungs-Zusammenhang II‹. D.h., der Organismus gibt Teile seiner Handlungsfähigkeit als Einzel-Organismus ab, wobei die anderen Organismen gleichsam zu *Werkzeugen* der Handlungsfähigkeit des konkreten Organismus werden (vgl. „Ein-Objekt-Gebrauchen", Winnicott, 1971).

Der Übergang von der nicht-sozialen zur sozialen Emotionalität beruht damit auf einem *Wechsel des Umwelt-Bezuges des Organismus*, und zwar des Wechsels vom Organismus-Umwelt-Bezug hin zum ›Organismus-Sozialverband-Bezug‹, wobei der Sozialverband nun den Stellenwert der ursprünglichen Gesamt-Umwelt einnimmt. Diese neue Bezogenheit ist als eine neue Qualität der evolutiven Entwicklung des konkreten Organismus nur deshalb nicht offen sichtbar, weil der Sozialverband, ebenso wie die Gesamt-Umwelt, aus Sicht des konkreten Organismus wesentlich konstant bleibt (im Gegensatz zur Mutter-Umwelt, vgl. Ebene 6).

Die Ausdifferenzierung der Emotionalität im Sozialverband sowie der *Wechsel von einer nicht-sozialen hin zu einer sozialen Emotionalität* erfordern dabei wiederum die Herausbildung hierarchisch höchster emotionaler Wertungen, die den konkreten Organismus bei Vorliegen verschiedener emotionaler, insbesondere nicht-sozialer Teilwertungen auf *eine* Handlung in Bezug auf den Sozialverband hin orientieren. Dies sind die *sozialen Instinkte* (z.B. die Tötungshemmung) und die *sozialen Affekte* (z.B. Schuld, Zuneigung etc.), die also *innerliche Reduktionen* auf der Ebene der sozialen Emotionalität und damit eine innerlich-reduzierte Handlungsfähigkeit im Dienste der Arterhaltung darstellen. Ein Organismus, dessen Art die Ebene der sozialen Emotionalität, nicht aber die Ebene des Bewusstseins ausgebildet hat, kann durchschnittlich nicht anders empfinden und handeln als eben sozial (in Bezug auf den eigenen Sozialverband).

Da Emotionalität immer eine *objektive* Widerspiegelung der gegebenen Umwelt, in der sie sich herausbildet, darstellt und damit also die Handlungsfähigkeit *innerhalb eines Sozialverbandes* bedeutet (und sich auch nicht in gleichem Maße auf Artgenossen eines konkurrierenden Sozialverbandes bezieht), ist Emotionalität grundsätzlich ungeeignet, eine durchschnittlich sinnvolle Handlungsfähigkeit in einer *Gesellschaft*, d.h. in einer *emotional* nicht mehr „überschaubaren" sozialen Umwelt zu gewährleisten. Unter Bedingungen, die keine soziale Interaktion entsprechend dem Sozialverband zulassen, kann also auch der Mensch durchschnittlich nicht sozial empfinden und handeln. Um sich sozial-emotional beziehen zu können, muss er in dem großen Ganzen beständig Sozialverband-Einheiten diskriminieren (Familienzugehörigkeit, Dorfgemeinschaft, Volksgruppe, Nation, Rasse, Religion etc.).

Während der überschaubare Sozialverband ursprünglich eine *sozial-emotionale Gesamtumwelt* innerhalb der (nicht-sozialen) ›Gesamtumwelt Natur‹ darstellt, wird der Sozialverband im *nicht mehr evolutiv begründeten* Prozess der Vergesellschaftung zu einer – positiv zu diskriminierenden – sozial-emotionalen Gesamtumwelt innerhalb einer (nicht-sozialen) ›Gesamtumwelt Gesellschaft‹. Umgekehrt dient also die nicht-soziale Bezogenheit auf negativ diskriminierte gesellschaftliche Einheiten deren Ausgliederung aus dem Sozialverband, d.h. der Zurückstoßung derselben in die Gesamtumwelt Natur (vgl. Horkheimer & Adorno, 1944). Dieser (zunächst psychische) Prozess der Ausgliederung geht entsprechend mit entmenschlichenden Zuschreibungen des Tierischen, des Pflanzlichen und des Nicht-Sozialen einher.

Die Vergesellschaftung bedeutet auch da einen Verlust an Handlungsfähigkeit, wo sie ›gesellschaftliche Handlungsräume‹ entsprechend dem Sozialverband nicht mehr zur Verfügung stellt. Während bislang alle Kulturen z.B. dem instinktiv-affektiven Erleben der *Eifersucht* durch Rituale, Rechtsprechung etc. mehr oder minder sinnvoll Rechnung trugen (vgl. Buss, 2000), wird das Erleben der Eifersucht in den modernen Industrie-Gesellschaften – durch deren ökonomisch bedingte Forderung nach Toleranz, Internationalität, Mobilität, Beziehungs-Inkonstanz etc. – *provoziert* und zugleich *privatisiert*. Der Eifersüchtige erlebt dies – als Ausdruck seiner gesellschaftlichen, damit individuellen Handlungsunfähigkeit – als *kränkend*, ggf. als *traumatisch*. Der individuellen und kollektiven *Verdrängung* eines Affektes folgt jedoch – früher oder später – die *Wiederkehr*: Die Wiederauferstehung „alter Werte", die zu Kontrollzwecken übersteigerte Nutzung moderner Kommunikationsmittel, nationalistische und rassistische Strebungen zur Ausgliederung von Konkurrenten mit exklusiven Attraktivitäts-Charakteristika, die Verteidigung traditioneller Beziehungsformen im „Kampf der Kulturen" u.a. sind somit nicht zuletzt fassbar als Veräußerungen eines in die Enge getriebenen Eifersuchts-Erlebens, d.h. als Ausdruck einer instinktiv-affektiven Logik und Strategie (vgl. Ciompi, 1997).

Soziale Affekte sind insbesondere Affekte der Schuld, der Scham, der Liebe, der Eifersucht, der Trauer usw. Dies sind immer komplexe, d.h. aus einfachen nicht-sozialen Affekten zusammengesetzte Affekte. Die vielfach vorgenommene Unterteilung in einfache (oder „primitive") und zusammengesetzte (oder „komplexe") Affekte kann im Sinne des vorliegenden Modells ersetzt werden durch die Unterteilung in nicht-soziale (einfache oder primitive) und soziale (zusammengesetzte oder komplexe) Affekte.

Die nicht-sozialen Anteile sozialer Emotionen bleiben dabei immer wirksam und sichtbar, sie werden „lediglich" in unvollständige, damit nicht zerstörerische und sich beständig wiederholende Verinnerlichungs-Verwertungs-Veräußerungs-Zusammenhänge untergliedert: Die verinnerlichenden „Liebkosungen" (das Küssen, Beißen, Umschlingen des anderen) und – anstelle der vollständigen Verinnerlichung – die veräußernden Zuwendungen (von Wärme, Berührung, Schutz etc.) halten das geliebte Objekt am Leben und die Zuneigung aufrecht.

Inner-psychische Konflikte zwischen nicht-sozialer und sozialer Emotionalität sind damit *zunächst* auch *nicht kulturell* bedingt, *sondern sie stellen naturhaft gegebene Konflikte zwischen nicht-sozialer und sozialer Emotionalität dar.* Diese Konflikte werden jedoch insbesondere dann wieder sichtbar, wenn die Ebene des Bewusstseins ausgebildet ist und die soziale Emotionalität nicht mehr die höchste, damit gleichsam *unhinterfragte* Ebene des Gesamt-Psychischen darstellt. Das bedeutet andersherum natürlich nicht, dass die soziale Emotionalität auf der Ebene des Bewusstseins neu erfunden werden müsste, dass z.B. die kindliche nicht-soziale Emotionalität und Handlungsbereitschaft *nur* durch das elterliche Verbot unterbunden werden könnte bzw. dass *nur* durch die Verinnerlichung dieses Verbotes im psychoanalytischen Über-Ich eine soziale Handlungsweise sichergestellt würde. Vielmehr ist ja auch das soziale Bezogen-Sein evolutiv bereits in der psychischen Struktur vorgegeben, damit auch die Fähigkeit, Schuld, Scham etc. zu empfinden: „Die Erziehung verbleibt durchaus in dem ihr angewiesenen Machtbereich, wenn sie sich darauf einschränkt, das organisch Vorgezeichnete nachzuziehen und es etwas sauberer und tiefer auszuprägen" (Freud, 1905, S. 78).

Auf den Ebenen 1-5 wurde evolutiv noch kein Bewusstsein herausgebildet. Im Sinne des vorliegenden Modells besteht das (psychoanalytische) *Unbewusste* von vorneherein und beinhaltet das Ganze des Vor-Psychischen, des Psychischen (als evolutiver Entwicklungsstufe), der nicht-sozialen Emotionalität sowie einen großen Teil der sozialen Emotionalität. Das Bewusstsein stellt – evolutionsgeschichtlich und ontogenetisch – vielmehr eine funktionale Ausdifferenzierung des Unbewussten dar und bleibt wesentlich von diesem bestimmt:

„Kurz gesagt sind es drei Grundannahmen Freuds, welche durch die Erkenntnisse der Hirnforschung bestätigt werden. Die erste lautet, dass das Unbewusste, das *Es*, mehr Einfluss auf das Bewusste, das *Ich*, hat, als umgekehrt. Vorgänge des Ich sind eingebettet in unbewusste Prozesse des limbischen Systems und werden von ihm gesteuert. Die zweite Erkenntnis lautet, dass das Unbewusste zeitlich weit vor den verschiedenen Bewusstseinszuständen entsteht und die Grundstrukturen der Persönlichkeit festlegt, aus denen dann das Ich erwächst. Die dritte Erkenntnis lautet, dass das bewusste Ich wenig bis keine Einsichten in das hat, was seinen Wünschen, Plänen und Handlungen tatsächlich zugrunde liegt. Das Ich legt sich Erklärungen zurecht, mit denen es vor sich selbst und vor den anderen bestehen kann; diese haben aber häufig wenig mit den eigentlich bestimmenden Geschehnissen zu tun" (Roth, 2003, S. 151).

Dieses Bestreben des Bewusstseins, gerade ihm unzugängliche Prozesse *in sozial relevanter Weise* zu rekonstruieren, wird von LeDoux anhand eines Experimentes mit einem Split-Brain-Patienten illustriert: „Als wir die rechte Hemisphäre anwiesen zu lachen, erklärte er auf unsere Frage nach dem Grund, wir seien komische Typen. (...) Der Patient lieferte (...) Situationserklärungen, so als habe er introspektiven Einblick in den Grund seines Verhaltens, obwohl er ihn in Wahrheit nicht hatte. Wir folgerten daraus, daß die Menschen, was immer sie tun, aus Gründen handeln, derer sie sich nicht bewusst sind (...), und daß eine der Hauptaufgaben des Bewußtseins darin besteht, unser Leben zu einer in sich stimmigen Geschichte, einem Selbstkonzept, zu bündeln" (LeDoux, 1996, S. 37).

Die Determiniertheit des menschlichen Handelns durch unbewusste, wenn auch emotionale Prozesse erscheint auf den ersten Blick etwas trostlos (zur Frage der Willensfreiheit vgl. Roth, 2001; Singer, 2003).

Die zentrale Funktion des Bewusstseins ist – im Sinne des vorliegenden Modells – tatsächlich in seiner Fähigkeit der Gestaltung eines „Selbstkonzeptes" zu suchen. Dieses Selbstkonzept wird entsprechend da beschränkt, wo es keine Handlungsfähigkeit ermöglicht: So ist die „Verdrängung" im psychoanalytischen Sinne – d.h. die Verinnerlichung einer auf der Ebene des Bewusstseins bereits erreichten Handlungsfähigkeit oder Selbstkonzeption auf eine frühere, nicht-bewusste Ebene – als innerlich-verkürzte Handlungsfähigkeit mit dem Ziel der Aufrechterhaltung der Handlungsfähigkeit in der konflikthaften Organismus-Umwelt-Interaktion zu bestimmen.

Ebene 6
Handlungsfähigkeit im Wahrnehmungs-Bewusstseins-Handlungs-Zusammenhang

Während das Denken, die Sprache, die Schrift etc. zunächst „nur" wechselseitige Ausdifferenzierungen von Symbolisierungen und sozialen Interaktionen darstellen, ist die Herausbildung und weitere Ausdifferenzierung des Bewusstseins die Grundlage und das zentrale Moment der spezifisch menschlichen Qualität dieser Fähigkeiten.

Je umfangreicher sich die „Aufzuchtsphase" und damit die „individuellen" Lern- und Entwicklungsmöglichkeiten im Sozialverband ausdehnen und ausdifferenzieren, desto stärker ist der junge Organismus *emotional* ›abhängig‹ von einem ›primären Bezugs-Organismus‹, d.h. er kann seine emotional-sozialen Fähigkeiten nur entfalten in der Interaktion mit dem ›Mutter-Organismus‹.

Hier schließt sich der Kreis der evolutiven Entwicklung: War der Organismus auf der Ebene 1 aus der Gesamt-Umwelt hervorgegangen und bis zur Ebene 5 auf die Gesamt-Umwelt (als einem Gebilde aus vielfältigen Umweltgegebenheiten und Organismen) bezogen, so nimmt, nach dem Sozialverband, nun der Mutter-Organismus die existentielle Bedeutung und Funktion der ursprünglichen Gesamt-Umwelt wieder ein. Damit ist es dem konkreten Organismus, dessen Art die Ebene des Bewusstseins erreicht hat, aufgetragen, in seiner ontogenetischen Entwicklung sämtliche Ebenen der evolutiven Entwicklung erneut und in Realisierung ihrer jeweiligen Spezifik zu durchlaufen.

Auf der Grundlage dieses Wechsels der Bezogenheit vom Organismus-Sozialverband-Bezug hin zum ›*Organismus-Organismus-Bezug*‹ ist die Herausbildung des Bewusstseins als einer erweiterten Handlungsfähigkeit zu bestimmen. Handlungsfähigkeit stellte sich auf der funktional entsprechenden Ebene 1 als das Wechselverhältnis von Eins-Sein mit und Abgegrenzt-Sein von der Umwelt dar. *Das Moment der Herausbildung des konkreten Organismus aus der Gesamtumwelt kehrt nun im Organismus-Organismus-Bezug notwendig wieder*: Während im Organismus-Umwelt-Bezug der Ebenen 1-4 sowie im Organismus-Sozialverband-Bezug der Ebene 5 die Umwelt – aus Sicht des konkreten Organismus – wesentlich konstant bleibt (und da, wo sie nicht wesentlich konstant bleibt, den realen oder sozialen, damit auch fortpflanzungsrelevanten „Tod" des Organismus bedeutet), kann die Umwelt im Organismus-Organismus-Bezug von vorneherein nicht wesentlich konstant bleiben, da der konkrete Organismus seine Bezogenheit – früher oder später – von dem primären Bezugs-Organismus hin auf den Sozialverband erweitern muß. Der konkrete Organismus steht also erneut vor der Aufgabe, sich – nun auf dem Hintergrund seiner hier gegebenen zentralen Handlungsfähigkeit, d.h. der Emotionalität – aus einer Gesamt-Umwelt herauszubilden und eine eigene, sozial-emotionale strukturelle Identität zu entwickeln und in Bezug auf die Sozialverband-Umwelt aufrechtzuerhalten.

Die Herausbildung oder Herauslösung des konkreten Organismus aus seiner Bezogenheit zur Umwelt bedeutet dabei immer einen „qualitativen Sprung" der evolutiven (und „individuellen") Entwicklung, der sich entsprechend in der biologischen (und psychologischen) Betrachtung abbildet: „Die Entwicklung von der toten zur lebenden Materie und letztlich zum Menschen und den ihm eigenen ‹Bewußtseins-Qualitäten› ist eine im ganzen aufsteigende Linie, wenngleich man gerade beim Übergang vom Unbelebten zum Belebten und vom ‹Bewusstlosen› zum Bewusstsein auf dieser Linie einen – wie BAVINK (…) sagte – ‹Knick› vorfinden wird" (Wuketits, 1983, S. 212).

Ein solcher „Knick" ist in seiner Spezifik dahingehend zu bestimmen, dass hier der Wechsel des Umwelt-Bezuges von dem einzelnen konkreten Organismus, gewissermaßen „individuell" geleistet werden muss – und nicht, wie bei dem Bezugswechsel von der Gesamt-Umwelt hin zur Sozialverband-Umwelt, ein Berufswechsel der Art als solcher ist (vgl. Ebene 5).

Mit der Verlängerung der Lern- und Entwicklungsphasen ist also ein evolutiver Entwicklungswiderspruch zwischen der existentiellen, emotionalen Abhängigkeit von dem primären Bezugs-Organismus und dem Umstand, dass dieser keine konstante Umwelt sein kann, entstanden.

Aus diesem Widerspruch des notwendigen Eins-Seins mit dem primären Bezugs-Organismus und später des notwendigen Abgegrenzt-Seins von dem primären Bezugs-Organismus – bei gleichzeitig notwendiger Aufrechterhaltung des Wechsel-Verhältnisses des Eins-Seins mit und Abgegrenzt-Seins von dem primären Bezugs-Organismus – hat sich das Bewusstsein, d.h. die Wahrnehmung des *Etwas-eigenes-Sein-im-Verhältnis-Zu*, als die Verinnerlichung des äußeren Widerspruches evolutiv herausgebildet.

Das Bewusstsein stellt damit eine Verinnerlichung der äußeren Realität des Verlustes der primären Umwelt bzw. des primären Bezugs-Organismus dar und ist zu fassen als *verinnerlicht-erweiterte Handlungsfähigkeit in Bezug auf den Verlust des primären Bezugs-Organismus*.

Das Bewusstsein ist damit immer auch eine funktionale Widerspiegelung der Trauer, d.h. der Wahrnehmung des Verlustes sowie der symbolisch-verinnerlichten Aufrechterhaltung des primären Bezugs-Organismus bzw. der Beziehung zu diesem Bezugs-Organismus über dessen Verlust hinaus (vgl. Freud, 1917). Entsprechend empfinden Menschen existentielle Trauer auch als einen Moment höchster Bewusst-Werdung ihrer selbst. *Bewusstsein und Trauer sind funktionell identisch.*

Im Sinne des vorliegenden Modells ist davon auszugehen, dass auch alle Tierarten, bei denen das Junge in seiner *emotional-sozialen* Entwicklung vom Mutter-Organismus *existentiell abhängig* ist, ein Bewusstsein ihrer selbst herausgebildet haben. Bei höheren Primaten wird die funktionelle Identität von Bewusstsein, primärer emotionaler Abhängigkeit und Trauer deutlich: „Gorillababys (...) verschmerzen den Tod ihrer Mutter nicht. »Erst erlischt das Leuchten in ihren Augen, und dann sterben sie einfach«, erzählt Judy McConnery. Für das Projekt ›Protection des Gorilles‹ pflegt sie [...] kleine Gorillas, deren Mütter von Wilderern getötet wurden" (Blech, 2003, S. 58 f; vgl. Dornes, 2000, S. 137ff).

Bei auf der Ebene 1, d.h. bei in der frühkindlichen Entwicklung (oder bei durch ein späteres Trauma, d.h. dem Aus-der-Welt-Fallen) begründeten Störungen des Wechselverhältnisses Eins-Sein-Mit und Abgegrenzt-Sein-Von ist demnach immer auch eine Beeinträchtigung der Fähigkeit zu Trauern bzw. eine Beeinträchtigung des Bewusstseins seiner selbst (d.h. der Wahrnehmung des gleichzeitigen Eins-Seins-Mit und Abgegrenzt-Seins-Von) gegeben. Eine solche Beeinträchtigung der funktionellen Einheit *Abhängigkeit-Bewusstsein-Trauer* wird bei dem sogenannten „Borderline-Syndrom" (vgl. Rohde-Dachser, 1979, S. 112f) in seiner existentiellen Tragik sichtbar. Nicht nur der eigenen Person, sondern auch dem je Anderen kann keine eigenständige Identität zugesprochen werden, da ein Organismus, der diese frühkindliche Entwicklungsaufgabe nicht realisiert hat, sich auf andere Organismen weiterhin wie auf Gesamt-Umwelten bezieht, d.h. Positives verinnerlichen und Negatives abstoßen will, *ohne dabei eine individuelle Reaktion oder tatsächliche Verletzbarkeit des Gegenübers antizipieren zu können* (vgl. Ebene 4).

Winnicott (1971) beschreibt den Übergang von „Sich-auf-ein-Objekt-Beziehen" (Gesamt-Umwelt bzw. Mutter-Umwelt bzw. nicht-sozial) zu „Ein-Objekt-Gebrauchen" (Sozialverband-Umwelt bzw. sozial) entsprechend als das eigentliche Moment individualgeschichtlicher Bewusst-Werdung. In ähnlichem Sinne wird von Klein (1946) das Bezogen-Sein der „paranoid-schizoiden Position" (Gesamt-Umwelt bzw. Mutter-Umwelt bzw. nicht-sozial) sowie der „depressiven Position" (Sozialverband-Umwelt bzw. sozial) unterschieden, „denn mit der Introjektion des Objektes als eines Ganzen ändert sich die Objektbeziehung des Kindes grundsätzlich. Das Zusammenbringen der geliebten und gehassten Aspekte des ganzen Objektes bringt Trauer und Schuldgefühle mit sich, was einen lebenswichtigen Fortschritt im Geistes- und Gefühlsleben des Kindes bedeutet" (Klein, 1946, S. 133).

Bion (1965) betont die Bedeutung der Abwesenheit und des Verlustes eines primären Bezugs-Objektes für die frühkindliche Entwicklung und geht davon aus, „daß primitives Denken aus der Erfahrung eines nicht-existenten Objektes entspringt oder, in anderen Worten, aus der Erfahrung des *Ortes*, an dem das Objekt erwartet wird, an dem es aber nicht ist" (Bion, 1965, S. 78). Die *emotionale* Abwesenheit des Objektes bei gleichzeitig *realer* Anwesenheit bedeutet hingegen ein unlösbares Dilemma, das Green (1983, S. 205ff) als die innerpsychisch-strukturelle (und bezogen auf spätere primäre Bezugs-Personen, wie den Therapeuten, als die interaktionelle) „Konservierung" der „toten Mutter" beschreibt, welche gerade dann verloren zu gehen droht, wenn sie wieder lebendig wird. Allen psychoanalytischen Theorien gemein ist die zentrale Bedeutung, die dem Dritten (dem Vater bzw. dem Sozialverband) bei der Erweiterung der frühen dyadischen Bezogenheit, der „Triangulierung", beigemessen wird. Die Liste der möglichen Störungen der Bewusst-Werdung seiner selbst ließe sich ins schier Unendliche fortsetzen und ist Ausdruck der Verletzlichkeit, die dem konkreten Organismus auf der Ebene des Bewusstseins durch die evolutive Entwicklung mitgegeben wurde. Reemtsma (1998) beschreibt das traumatische „Aus-der-Welt-Fallen", den Verlust von emotionaler Handlungsfähigkeit, den er durch seine Entführung und seine Gefangenschaft erfahren hat: „Gefühle wie die im Keller ergeben sich nicht aus Beziehungen (…), sondern sind da, brechen herein, wie eben DAS (die Entführung, M.U.) hereingebrochen war, und müssen seelisch definiert werden. Ebenso wie er »aus der Welt« war, waren seine Gefühle nicht von der Welt, sondern Gefühle im Keller, die eigentlich nur durch Vergleiche, manchmal durch Simulationen für ihn greifbar wurden. Darum war die größte Angst für ihn stets die Fortdauer dieses Zustandes, nicht – was viele, die nie im Keller gewesen sind, verwundern mag – die Angst vor Verstümmelung, nicht einmal die Todesangst" (Reemtsma, 1998, S. 194). Und weiter: „Im Keller wurde ihm (dem Entführten, also Reemtsma selbst, M.U.) übrigens das mir schon längst theoretisch fragwürdige, aber historisch interessante Konzept des »Individuums« als der Vorstellung von einem Menschen, in dem irgendetwas Kontinuität und Festigkeit in allen Wechselfällen des Lebens verbürgt, zu einer gänzlich obsoleten Vorstellung" (ebd., S. 196).

Wenn Bewusstsein also die Handlungsfähigkeit in Bezug auf den Verlust des primären Bezugs-Organismus mit der Realisierung des Wechsel-Verhältnisses Eins-Sein-Mit und Abgegrenzt-Sein-Von darstellt, so liegt niemals ein „Ich" im absoluten Sinne, sondern immer ein Beziehungsverhältnis „Ich-Du" bzw. Organismus-Umwelt vor (vgl. Künzler, 2000). Das „Ich" in diesem Sinne sitzt weniger dem „Es", sondern vielmehr dem Bewusstsein selbst auf. Anstelle des „Ich denke, also bin ich" (Descartes) ließe sich formulieren: „Ich denke *bewusst*, also bin ich." Genauer: *„Ich bin mir meiner bewusst, also denke ich, das ich bin."*

Wie jede andere erweiterte Handlungsfähigkeit auch bedarf das Bewusstsein der durchschnittlich sinnvollen innerlichen Reduktion von Handlungsfähigkeit im Dienste der Arterhaltung. Was der Ebene 1 die Reflexe, der Ebene 2 die Instinkte, der Ebene 3 die nicht-sozialen Instinkte und nicht-sozialen Affekte sowie der Ebene 4 die sozialen Instinkte und sozialen Affekte sind, wird dem Bewusstsein durch die „Abwehr-Mechanismen" (im psychoanalytischen Sinne) geleistet: Spaltung, Verdrängung, Vermeidung, Projektion etc. sind demnach zu fassen als ›Bewusstseins-Instinkte‹ oder ›*Instinkte auf der Ebene des Bewusstseins*‹, d.h. als innerlich-reduzierte Handlungsfähigkeiten im Dienste der Arterhaltung. Für die Abwehr-Mechanismen gelten die gleichen funktionalen Bestimmungen, die auf den früheren Ebenen für die Instinkte und die Affekte gefunden wurden.

Die evolutive Ausdifferenzierung der Emotionalität, des Denkens, des Bewusstseins etc. und damit der menschlichen Individualität geht also keineswegs mit einer „Rückbildung der Instinktkomponenten" einher: „Gerade die Annahme einer »*Instinktarmut*« der höchstentwickelten Wirbeltiere, besonders aber des Menschen, so plausibel und gängig sie auch ist, hat sich indessen bei der weiteren Entwicklung der ethologischen Forschung als sehr problematisch erwiesen und Lorenz zu einer Revision seiner (…) früheren Auffassungen gebracht; in neueren Konzeptionen wird die gegenteilige Annahme eines besonderen »Instinktreichtums« der höchstentwickelten Tierarten formuliert" (Holzkamp-Osterkamp, 1975, S. 69).

Ebene 7
Wechselverhältnis von Eins-Sein-Mit und Abgegrenzt-Sein-Von
im *Umwelt-Umwelt-Bezug* (mit der Auflösung des Bewusstseins)

Mit der Herausbildung des Bewusstseins hat sich die Herausbildung des Organismus in funktionell identischer Weise wiederholt: So wie sich am Beginn des Lebens der erste Organismus aus dem Großen Ganzen trennen musste, so muss es das Bewusstsein leisten, dass das Menschenkind sich von der Mutter lösen kann.

Es scheint, als sei es die Evolution selbst, die sich hier ihrer gewahr wurde, den Mensch, den Träger des Bewusstseins als Gehilfen: Das organismische Drama des ›Abgegrenzt-Seins‹, die ›Ontologie der Evolution‹ ist endlich in die Welt gebracht!

Das Bewusstsein des konkreten Menschen schließlich – bei aller Freude, die es auch bereiten kann – geht mit der Trauer und der Sehnsucht nach dem Eins-Sein-Mit einher, dem Streben, *in die Welt zurück zu fallen.* So ist es dem Bewusstsein eigen, in der orgastischen Verschmelzung, in der Verliebtheit, in der Masse und im Ideal sich aufzulösen (vgl. Freud, 1921). *Das Wesen des Bewusstseins bleibt ein kindlich suchend unerfülltes,* es findet seinen tiefsten Ausdruck in der Religion (lat. re-ligare: zurückbinden).
Der „Trieb", von Anfang an beständiges Bezogen-Sein, erweist sich nun zugleich als die *Verneinung,* als die Tendenz zur Auflösung der Individualität (vgl. das „Nirwana-Prinzip", Freud, 1924, S. 373). Denn „der konservativen Natur der Triebe widerspräche es, wenn das Ziel des Lebens ein noch nie zuvor erreichter Zustand wäre. Es muß vielmehr ein alter, ein Ausgangszustand sein, den das Lebende einmal verlassen hat, und zu dem es über alle Umwege der Entwicklung zurückstrebt" (Freud, 1920, S. 40).

ÜBERSICHT

Die Entwicklungsstufen der Evolution / Die Ebenen des Psychischen /
Die Ebenen der Handlungsfähigkeit / Die Entwicklungsaufgaben der Kindheit

Ebene 1

Wechselverhältnis von Eins-Sein-Mit und Abgegrenzt-Sein-Von
im *Umwelt-Umwelt-Bezug* (mit der Herausbildung des Organismus)

Ebene 2

Verinnerlichungs-Verwertungs-Veräußerung-Zusammenhang
im *Organismus-Umwelt-Bezug* (Handlungsfähigkeit mit der innerlichen Reduktion durch
Reflexe)

Ebene 3

Wahrnehmungs-Psyche-Handlungs-Zusammenhang
im *Organismus-Umwelt-Bezug* (verinnerlicht-erweiterte Handlungsfähigkeit mit der
innerlichen Reduktion durch Instinkte)

Ebene 4

Wahrnehmungs-Emotionalitäts-Handlungs-Zusammenhang I (nicht-sozial)
im *Organismus-Umwelt-Bezug* (verinnerlicht-erweiterte Handlungsfähigkeit mit der
innerlichen Reduktion durch nicht-soziale Instinkte und nicht-soziale Affekte)

Ebene 5

Wahrnehmungs-Emotionalitäts-Handlungs-Zusammenhang II (sozial)
im *Organismus-Sozialverband-Bezug* (veräußert-erweiterte Handlungsfähigkeit mit der
innerlichen Reduktion durch soziale Instinkte und soziale Affekte)

Ebene 6

Wahrnehmungs-Bewusstseins-Handlungs-Zusammenhang
im *Organismus-Organismus-Bezug* (verinnerlicht-erweiterte Handlungsfähigkeit mit der
innerlichen Reduktion durch Abwehr-Mechanismen)

Ebene 7

Wechselverhältnis von Eins-Sein-Mit und Abgegrenzt-Sein-Von
im *Umwelt-Umwelt-Bezug* (mit der Auflösung des Bewusstseins)

LITERATUR

Bettelheim, B. (1975). *Kinder brauchen Märchen*. München: dtv 1980.

Bion, W. R. (1965). *Transformationen*. Frankfurt/M.: Suhrkamp 1997.

Blech, J. (2003). Die Tränen der Giganten. *Spiegel special*, 4/2003, 58-59.

Breuer, J. & Freud, S. (1893). Über den psychischen Mechanismus hysterischer Phänomene. Vorläufige Mitteilung. *G.W.*, Bd. 1 (S. 81-98). Frankfurt/M.: Fischer 1999.

Buss, D. M. (2000). »*Wo warst Du?*« Vom richtigen und vom falschen Umgang mit der Eifersucht. München: Hugendubel 2001.

Ciompi, L. (1997). *Die emotionalen Grundlagen des Denkens*. Entwurf einer fraktalen Affektlogik. Göttingen: Vandenhoeck & Ruprecht 1999.

Dornes, M. (2000). *Die emotionale Welt des Kindes*. Frankfurt/M.: Fischer 2002.

Fairbairn, W. R. D. (1944). Darstellung der endopsychischen Struktur auf der Grundlage der Objektbeziehungspsychologie. In B. F. Hensel & R. Rehberger (Hrsg.), *W. R. D. Fairbairn. Das Selbst und die inneren Objektbeziehungen*. Eine psychoanalytische Objektbeziehungstheorie (S. 115-170). Gießen: Psychosozial 2000.

Freud, S. (1905d). Drei Abhandlungen zur Sexualtheorie. *G. W.*, Bd. 5 (S. 27-145). Frankfurt/M.: Fischer 1999.

Freud, S. (1914g). Weitere Ratschläge zur Technik der Psychoanalyse: II. Erinnern, Wiederholen und Durcharbeiten. *G. W.*, Bd. 10 (S. 125-136). Frankfurt/M.: Fischer 1999.

Freud, S. (1917e). Trauer und Melancholie. *G. W.*, Bd. 10, (S. 427-446). Frankfurt/M.: Fischer 1999.

Freud, S. (1920g). Jenseits des Lustprinzips. *G. W.*, Bd. 13 (S. 1-69). Frankfurt/M.: Fischer 1999.

Freud, S. (1924c). Das ökonomische Problem des Masochismus. *G. W.*, Bd. 13 (S. 369-383). Frankfurt/M.: Fischer 1999.

Green, A. (1983). Die tote Mutter. *Psyche*, 47, 205-240.

Holzkamp, K. (1983). *Grundlegung der Psychologie*. Frankfurt/M.: Campus 1985.

Holzkamp-Osterkamp, U. (1975). *Grundlagen der psychologischen Motivationsforschung 1*. Frankfurt/M.: Campus.

Horkheimer, M. und Adorno, T. W. (1944). *Dialektik der Aufklärung*. Philosophische Fragmente. Frankfurt/M.: Fischer 2003.

Kernberg, O. F. (1992). *Wut und Hass*. Über die Bedeutung von Aggression bei Persönlichkeitsstörungen und sexuellen Perversionen. Stuttgart: Klett-Cotta 1998.

Klein, M. (1946). Bemerkungen über einige schizoide Mechanismen. In H. A. Thorner (Hrsg.), *Melanie Klein. Das Seelenleben des Kleinkindes und andere Beiträge zur Psychoanalyse* (S. 131-163). Stuttgart: Klett-Cotta 1997.

Künzler, E. (2000). „Das Ich" oder „eine Person" - die Vertreibung aus der Gewissheit psychoanalytischer Theorien. *Psychoanalyse - Texte zur Sozialforschung*, Heft 7, 3-19.

Laplanche, J. & Pontalis, J.-B. (1967). *Das Vokabular der Psychoanalyse.* Erster Band. Frankfurt/M.: Suhrkamp 1980.

LeDoux, J. (1996). *Das Netz der Gefühle.* Wie Emotionen entstehen. München: dtv 2001.

Leontjew, A. N. (1959). *Probleme der Entwicklung des Psychischen.* Frankfurt/M.: Fischer 1973.

Mentzos, S. (1982). *Neurotische Konfliktverarbeitung.* Frankfurt/M.: Fischer 2000.

Mentzos, S. (2002). *Der Krieg und seine psychosozialen Funktionen.* Göttingen: Vandenhoeck & Ruprecht.

Piaget, J. (1975). *Die Äquilibration der kognitiven Strukturen.* Stuttgart: Klett 1976.

Reemtsma, J. Ph. (1998). *Im Keller.* Reinbek: Rowohlt 2002.

Reich, W. (1938). *Die Bione.* Zur Entstehung des vegetativen Lebens. In W. Reich, *Die Bionexperimente.* Zur Entstehung des Lebens (Neuausgabe). Frankfurt/M.: Zweitausendeins 1995.

Reich, W. (1942). *Die Entdeckung des Orgons.* Band I: Die Funktion des Orgasmus. Köln: Kiepenheuer & Witsch 1987.

Rohde-Dachser, C. (1979). *Das Borderline-Syndrom.* Bern: Huber 1995.

Roth, G. (2001). *Fühlen, Denken, Handeln.* Wie das Gehirn unser Verhalten steuert. Frankfurt/M.: Suhrkamp.

Roth, G. (2003). *Aus Sicht des Gehirns.* Frankfurt/M.: Suhrkamp.

Singer, W. (2002). *Der Beobachter im Gehirn.* Essays zur Hirnforschung. Frankfurt/M.: Suhrkamp.

Singer, W. (2003). Unser Wille kann nicht frei sein. *Spiegel special*, 4/2003, 20-25.

Winnicott, D. W. (1971). *Playing and Reality.* London: Routledge 1999.

Wuketits F. M. (1983). *Biologische Erkenntnis*: Grundlagen und Probleme. Stuttgart: Fischer.

Wundt, W. (1896). *Grundriss der Psychologie.* Leipzig: Kröner 1914.

Der Autor, geboren 1969 in Freiburg im Breisgau, ist Psychoanalytiker und lebt in Berlin. Korrespondenz: mikesurban@gmx.de